入船彻男

1954 年生于日本三重县伊势市，在四日市长大。毕业于京都大学，现为爱媛大学教授，研究方向为高压地球科学，近年致力于利用超高压研发新型材料。曾任日本高压力学会会长和国际高压科学技术联合会会长。著有《地球内部的构造和运动》（东海大学出版）、《乘着钻石号去地底旅行》（新日本出版社）、《钻石以超音速在地底移动》（Media Factory 新书）等。

关口修

1957 年生于日本东京。师从永岛慎二学习漫画，后在漫画月刊《GARO》发表处女作。除漫画作品外，还为儿童读物、宠物训练手册等多种类型的图书绘制插图。主要绘画作品有《星空》（福音馆书店）、《日食月食的秘密》（孩子的未来社）等。此外，有 30 年以上心理占星师工作经历，举办了多场讲座及研讨会。主要占星学作品有《第一次心灵占星》（鸭川出版）等。

GOING DOWN INTO THE DEEP EARTH

Text © Tetsuo Irifune 2019

Illustrations © Shun Sekiguchi 2019

Originally published by FUKUINKAN SHOTEN PUBLISHERS, INC., Tokyo, 2019

under the title of 地球の中に潜っていくと

The Simplified Chinese translation rights arranged with FUKUINKAN SHOTEN PUBLISHERS, INC., TOKYO. through DAIKOUSHA INC., KAWAGOE.

All rights reserved.

Simplified Chinese translation copyright © 2021 by Beijing Science and Technology Publishing Co.,Ltd.

著作权合同登记号　图字：01–2020–7001

图书在版编目(CIP)数据

潜入地球 / (日) 入船彻男著；(日) 关口修绘；戴黛译 . — 北京：北京科学技术出版社，2021.3 （2024.6重印）
ISBN 978-7-5714-1170-1

Ⅰ. ①潜… Ⅱ. ①入… ②关… ③戴… Ⅲ. ①地球科学 – 儿童读物 Ⅳ. ①P–49

中国版本图书馆CIP数据核字（2020）第207357号

策划编辑：荀　颖		电　话：0086-10-66135495（总编室）	
责任编辑：张　芳		0086-10-66113227（发行部）	
封面设计：百色书香		网　址：www.bkydw.cn	
图文制作：百色书香		印　刷：北京博海升彩色印刷有限公司	
责任印制：张　良		开　本：787mm×1092mm　1/16	
出版人：曾庆宇		字　数：38千字	
出版发行：北京科学技术出版社		印　张：3	
社　址：北京西直门南大街16号		版　次：2021年3月第1版	
邮政编码：100035		印　次：2024年6月第5次印刷	
ISBN 978-7-5714-1170-1			

定　价：45.00元

潜入地球

〔日〕入船彻男◎著 〔日〕关口修◎绘 戴 黛◎译

北京科学技术出版社
100层童书馆

太平洋

1

2

我们这就坐着钻石号潜到海里去。这艘科考船的正下方有一个非常非常深的地方，它叫作日本海沟。你们跟着我去海沟最深的地方看看吧！

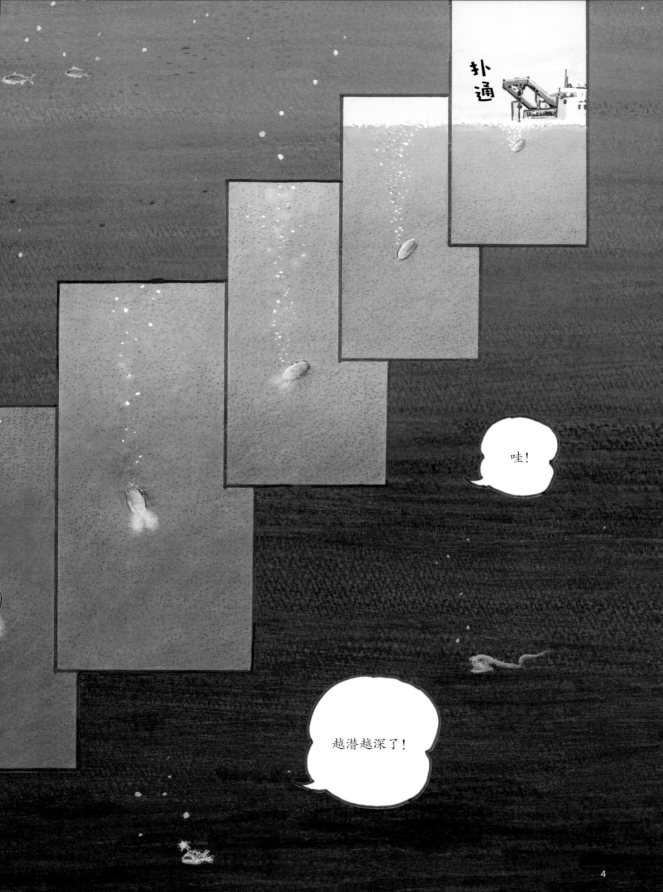

扑通

哇！

越潜越深了！

4

我们到了！

原来海里还有这么深的峡谷呢！

这里还不是我们的最终目的地。

我们还要去哪儿？

居然能来这种地方，回去可以好好向朋友们炫耀炫耀了！谢谢爷爷！

北美洲板块
（大陆板块）

地球的表面漂浮着十几个主要板块。由大洋型地壳组成的板块被称为"大洋板块"，由大陆型地壳组成的板块被称为"大陆板块"。

加勒比板块
（大陆板块）

太平洋板块
（大洋板块）

科科斯板块
（大洋板块）

南美洲板块
（大陆板块）

纳斯卡板块
（大洋板块）

日本海沟

太平洋板块
（大洋板块）

板块之间会相互碰撞，当大洋板块俯冲到大陆板块下面后，会形成裂缝。
我们现在所在的日本海沟就是这样形成的。

欧亚板块
（大陆板块）

阿拉伯板块
（大陆板块）

菲律宾海板块
（大洋板块）

非洲板块
（大陆板块）

印度洋板块
（大洋板块）

也就是说，只要我们跟着大洋板块，就能到达地球内部。

大洋板块比较重，所以在重力的作用下会慢慢向下俯冲。

北美洲板块
（大陆板块）

跟着……这可能吗?!

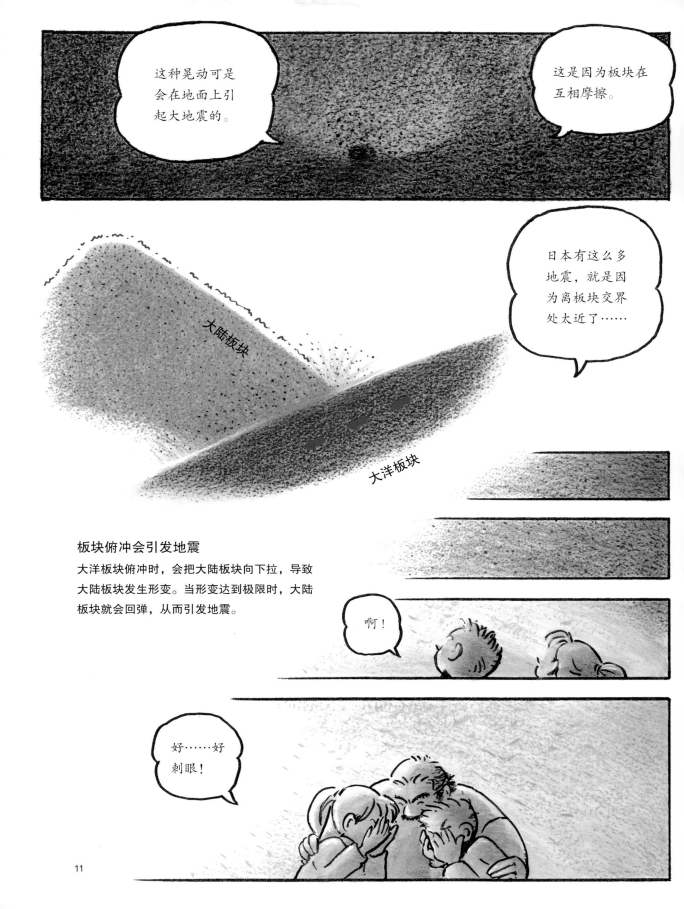

板块俯冲会引发地震

大洋板块俯冲时，会把大陆板块向下拉，导致大陆板块发生形变。当形变达到极限时，大陆板块就会回弹，从而引发地震。

太亮了，会伤到眼睛的，快带上护目镜！

越靠近地球内部，温度就越高。

温度高到一定程度时，物体就会发光。

13

好像珠宝箱一样呢！

它们中的大多数是一种叫作橄榄石的宝石。

橄榄石
（peridot）

石榴石
（garnet）

混在里面的红色石头是石榴石。

14

谁说地下是地狱，这里简直就是天堂啊！

那边发出红色光芒的又是什么？

那是岩浆。

岩浆就是火山喷出来的那种黏糊糊的东西吗？

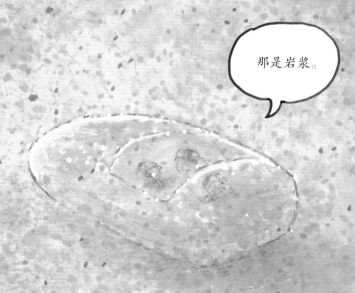

没错！岩浆就是在高温下熔化了的岩石。
下沉的大洋板块里有水分。有水的话，岩石就更容易熔化，形成岩浆。

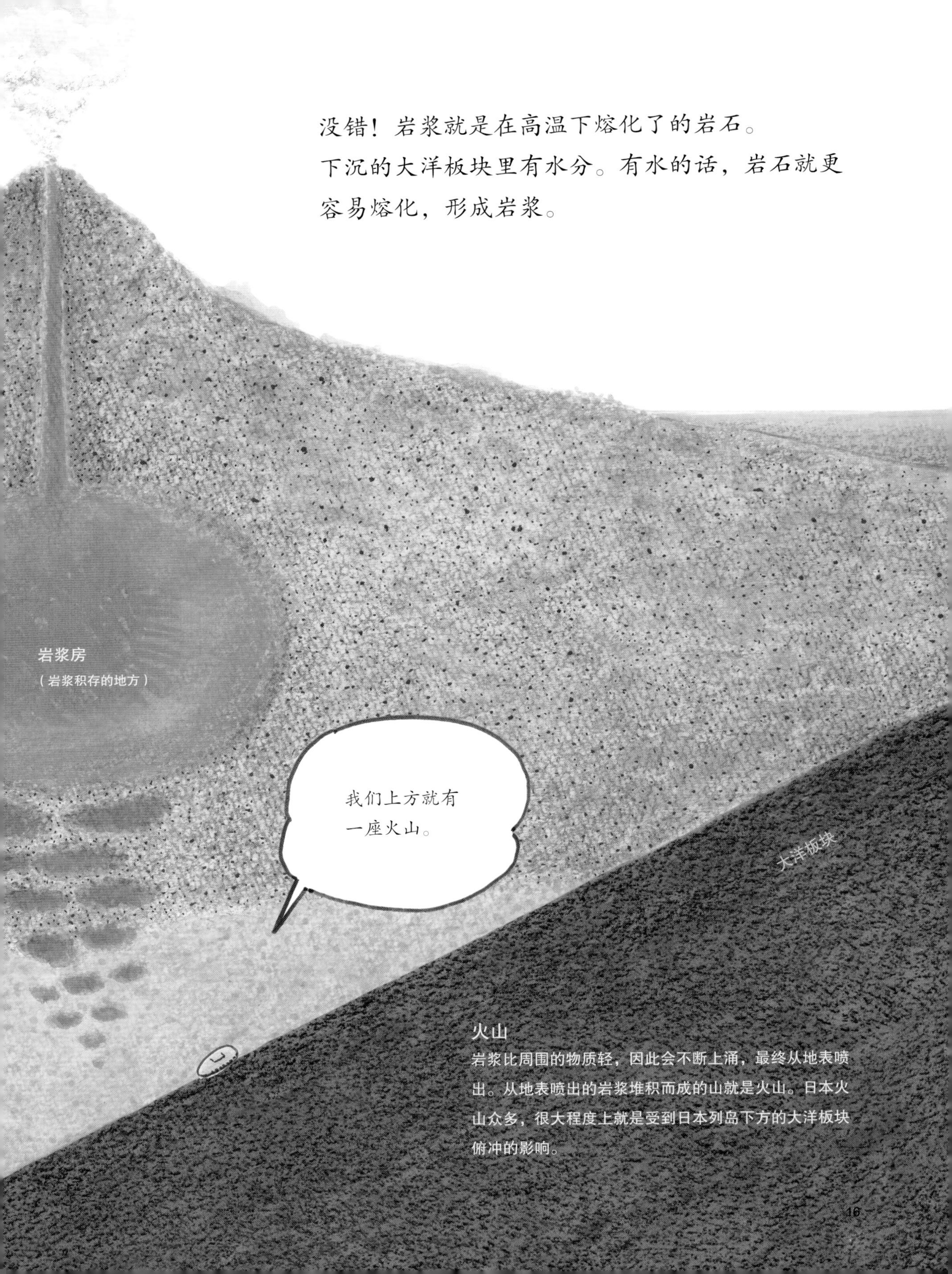

岩浆房
（岩浆积存的地方）

我们上方就有一座火山。

大洋板块

火山
岩浆比周围的物质轻，因此会不断上涌，最终从地表喷出。从地表喷出的岩浆堆积而成的山就是火山。日本火山众多，很大程度上就是受到日本列岛下方的大洋板块俯冲的影响。

岩浆房会使地下水变热，这样就形成了温泉。

多亏有岩浆，我们才能泡温泉！

地下水

除了橄榄石和石榴石，这附近还有很多钻石。

好想把这些宝石都带回家。

物质的状态也会随之发生变化。

越往下走，温度就越高，压力也就越大。

这就叫作相变……

周围的颜色渐渐变得不太一样了……

……

尖晶石结构

高温高压环境下，橄榄石原子排列发生变化，密度增大，它的结构变为尖晶石结构。

从这里开始，一时半会景色不会有什么变化了……

巨石体（滞留板块）

滞留在地下 660 千米处的大洋板块碎片。钻石号在其底部短暂停留后，开始随着地幔下降流向下方驶去

钙钛矿结构

随着环境的进一步改变，物质密度继续增大。具有这种结构的高密度物质的厚度会达到 2000 千米以上。

休息一会儿吧！

呼…… 地幔下降流

……

爷爷，爷爷！快醒醒，快醒醒！

什、什么？

不好了！我们好像回到海里了！

像水一样，还在哗啦啦地流动呢！

这是熔化了的铁。

嗯，是的。也就是说……

地球的深处还有液体吗？

地壳（棕色的部分）

地壳（地下 0~30 千米）

地球表面是由花岗岩和玄武岩形成的，是我们生活的地方。

记住，地球是由薄薄的地壳、地壳下的地幔，以及位于中心的地核组成的。

地幔（地下 30~2900 千米）

主要由橄榄石和石榴石等宝石类矿物构成。这些矿物在高温高压下状态会发生变化（相变），因此地球内部不同深度会出现不同密度及颜色的矿物层。

地核（地下 2900~6400 千米）

主要由铁构成。外核是熔化了的铁，内核则为固态的铁。科学家认为地核还富含金、铂（白金）等贵金属。

地幔

外核

地核

内核

地球的中心
（深度约为 6400 千米）

地球内部的运动极其缓慢，所以从地表到达地核现实中需要几千万年！

我饿了！

外核中熔化的铁，一刻不停地绕着圈流动。
我们就随着其中向下的"铁流"，向内核前进吧！

外核

内核

地球磁场也与外核有关。

您说的"磁场"和磁铁的磁场是一回事吧？

24

外核中熔化的铁不断流动形成了电流，在这些电流的作用下，地球内部像电磁铁一样产生了磁场，而这个磁场能大大减轻太阳风对地球的危害。

没错！指南针之所以能指示方向，候鸟之所以能每年按照同样的路线迁徙，都是因为地球磁场的存在！

问得好！

可是，为什么地球的中心会有铁呢？

地球受到陨石撞击，变得越来越大，
同时温度越来越高。
整个地球表面都覆盖着黏稠的岩浆。

在构成岩浆的物质中，只有较重的铁向地球中心下沉。
这些下沉到中心的铁就形成了地核，其他物质则形成了地核外层的地幔。此时，地球已经初具形态了。

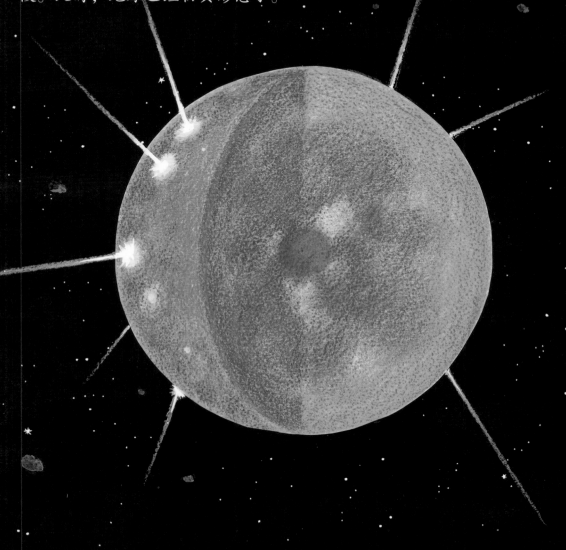

原来地球是因为被陨石撞击而形成的啊。

就好像地球中心还有一颗行星在不停旋转！

其实内核也一直在旋转，而且旋转得比地球自转还稍微快一点点……

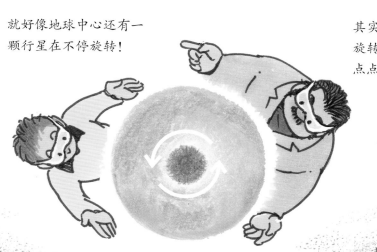

内核本来也是液态的铁，后来逐渐冷却，就成固态了。

地球中心的温度在一点点下降。

但就算下降，现在这里的温度也在5000℃左右……

咔

地幔下降流

外核区域向下流动的物质

30

地幔柱

从地幔和地核的分界处附近缓缓上升的、
由高温地幔物质组成的柱状流

像坐电梯一样！

我们能到这里来，多亏了向地球中心缓慢运动的地幔下降流！

地幔柱（热地幔上升流）

与地幔下降流相对应，有一股向地面上涌的热地幔上升流，这就是地幔柱。

外核区域后又上浮冷的物质

那就出发吧，爷爷！

好，既然已经决定返回地面了，我们这就随着地幔柱从夏威夷岛的火山出去吧！

这段路程也很漫长。

37

"窥视"地球内部

  随着望远镜及火箭技术的不断发展，人们逐渐揭开了太阳系及宇宙的神秘面纱。我们居住在地球上，但对其深处知之甚少。我们既不能亲眼看到地心的样子，也无法派科考船潜入地心。科学家一直在尝试挖得更深，但目前他们能挖到的最深的地方也不过是地下12千米处。相较于地球6400千米的半径，这仅仅是地球的"皮毛"部分。那么，科学家到底是如何了解地球内部情况的呢？

  地震是科学家最重要的信息来源。地震会造成巨大的损失，但也能让科学家了解到地球内部的样子。大型地震产生的地震波在地球内部传播时会发生反射和折射，而世界各地的地震仪可以将其记录下来。通过研究这些记录，科学家就能了解地球内部何处有何种物质存在。这就像医生用超声波和X线给人体做CT扫描（断层扫描）一样，科学家也能用地震波"诊断"地球内部的情况。

  另一个信息来源就是我正在进行的超高压实验了。在地球内部，地心的压力高达360万个大气压，温度高达6000℃，所以说这里是一个超高压高温区域。我在实验室中模拟出这种超高压高温环境，以此来探究地球内部的物质构成、变化及运动情况。

  本书就是以地震波探测到的信息和超高压实验的最新研究成果为基础的。大家是不是以为地球内部像地狱一样一片漆黑？其实并非如此，地球内部光芒四射、非常明亮，人类不戴上墨镜或者护目镜的话，甚至都难以睁开眼。此外，地球的地幔部分主要是由橄榄石和石榴石构成的，位于中心的地核虽然主要是由铁构成的，但也富含金、铂（白金）等贵金属。因此，说地球内部是个珠宝箱也不为过。

  在本书中，身为科学家的爷爷带着孙子和孙女去地下旅行。他们的交通工具是用世界上最硬的物质——钻石制成的。这里提到的"钻石"在现实中是存在的，就是我在超高压条件下制造出的世界上最硬的合成钻石。将碳（与铅笔笔芯是同一种物质）置于超高压环境中，就能制出钻石。我将这种合成钻石命名为"媛石"。媛石不仅极其坚硬、不易碎裂，还耐高温。虽然目前我们只能制出1厘米左右的媛石，但只要有足够多的媛石，大概造出钻石号就不是难以实现的事儿了吧。我相信，乘着钻石号去地下旅行的梦想总有一天会实现，就请大家拭目以待吧！

入船彻男